前言
INTRODUCTION

---◆---

　　科学家们说138亿年前，宇宙大爆炸形成了宇宙，一点比一粒盐还小几千倍的物质爆炸并急速膨胀造成了这一切，不到一秒，宇宙就已经膨胀得比一个星系还要大，温度高达几十亿摄氏度！30万年后，宇宙冷却到约3000℃，空间中充斥着氢气和氦气。大约在2亿到4亿年后，这些气体坍缩到足够形成恒星和星系。距今46亿年前，气体和尘埃形成了太阳，剩余的物质形成了行星。我们生活的行星——地球，据说大约是45亿岁。

我们的太阳系由一颗恒星——太阳,以及围绕它公转的天体组成。这些天体包括八大行星、像冥王星那样的矮行星、卫星和小行星。本书将带领你做一次太空旅行,去探索这些天体,还有好多令人难以置信的伟大发明,如运载火箭、探测车、人造卫星,这些都是人类发明出来用于探索太阳系的设备。那么,请动手取下页面中的空白部分,用这本书制作第一部属于你自己的艺术作品吧,希望你从中获得快乐!

→ 了解气态巨行星相关内容请翻至第37页

→ 了解火星2020探测车相关内容请翻至第35页

太阳

太阳是距离地球最近的恒星，也是太阳系中最大的天体。它是一颗巨大的气体星球，大到"肚子"里可以装下130万颗地球。太阳核心的温度高达让人难以置信的1500万℃！太阳的表面，又被称为光球，温度下降至5500℃，但温度仍然高得可以熔化钻石！太阳核心的核反应产生的能量要花17万年才能到达太阳的对流层，这个区域之外是太阳的表面。核能通过光和热向地球输送能量。

半径： 69.57万千米

距地球平均距离： 1.496亿千米

形成时间： 约45亿年前

恒星类型： 黄矮星

» 有时，太阳表面会出现巨大的爆炸，这种现象称为耀斑。

你知道吗？

❓ 太阳光大约8分钟才能抵达地球。

❓ 太阳的质量占整个太阳系的99.8%。质量就是一个物体所含物质的量。物质越多质量就越大。

❓ 太阳到地球的直线距离可以摆满1.176万颗地球，这足以说明这颗大红球离我们多么遥远！

除了太阳系的八大行星，还有很多其他的天体围绕太阳公转，包括至少5颗矮行星、成千上万的小行星、上万亿颗彗星及其他小天体。总有一天太阳将耗尽能量，不过，别担心，因为科学家们估计目前太阳的寿命还剩一半，也就是它还能继续存活65亿年呢！当太阳开始消逝，科学家们预言它会膨胀得越来越大，直到吞噬距离它最近的水星、金星和地球。这个过程将持续几百万年，意味着太阳将变成红巨星。变成红巨星后，太阳会变得比现在明亮2000倍！

岩石内行星

按照顺序，水星、金星、地球和火星是距离太阳最近的4颗行星。它们都是在大约45亿年前形成的，那时一股巨大的引力将气体和尘埃吸引到一起。它们中心形成了核，外面包裹着岩质的幔，行星表面以下则是坚固的壳。这4颗行星被称为内行星，因为它们在小行星带内围绕太阳运行。地球是我们已知的唯一适合生命生存的行星。地球上有可呼吸的大气、液态水，太阳辐射到地球上的水平适中的热量和光能等。

水星	
平均半径：2439.7千米	距日平均距离：5800万千米
金星	
平均半径：6052千米	距日平均距离：1.08亿千米
地球	
平均半径：6371千米	距日平均距离：1.5亿千米
火星	
平均半径：3390千米	距日平均距离：2.28亿千米

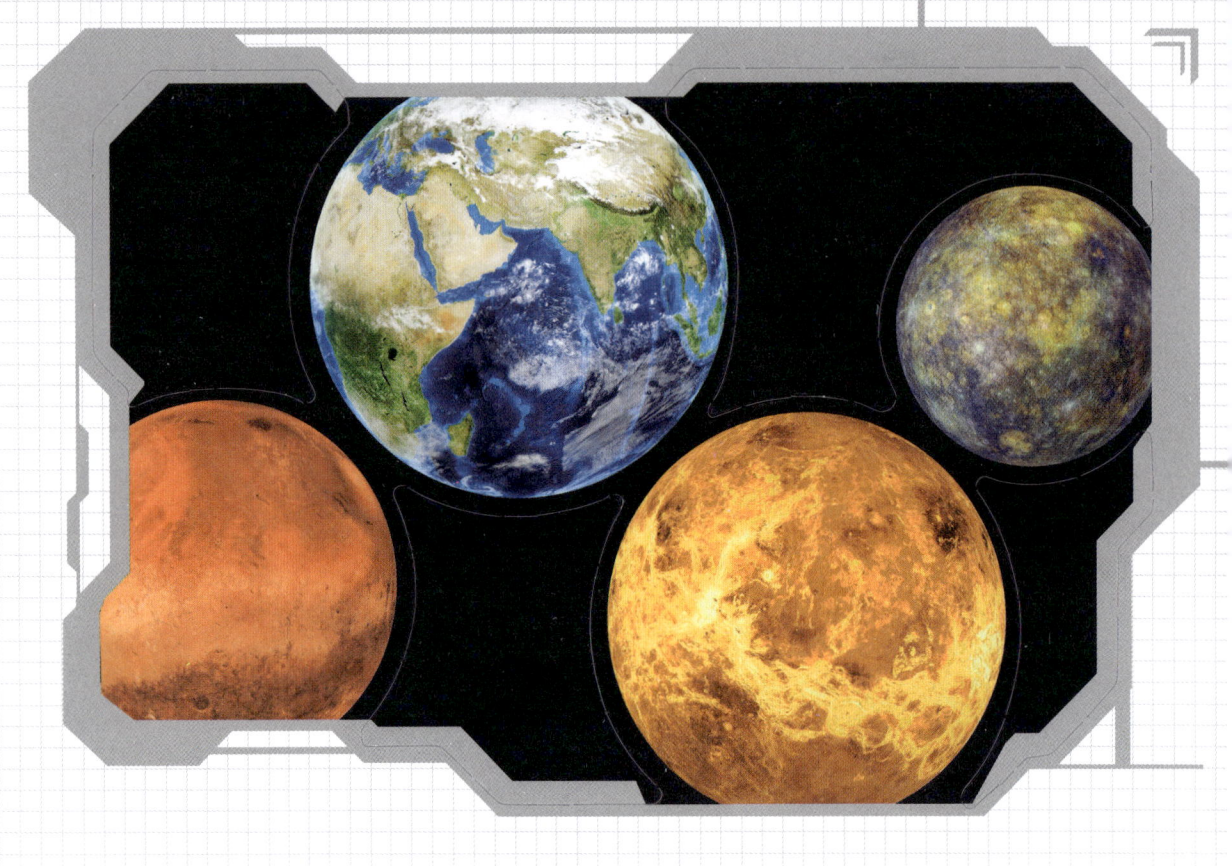

» 美国宇航局（NASA）把地球的地幔，也就是地球内核与地壳之间的部分，描述为如同焦糖质地一样的熔融岩石层。

你知道吗？

❓ 除了地球以外，所有的行星都是用古罗马或者古希腊神话中神的名字命名的。金星的名字来自罗马女神——爱神维纳斯。

❓ 科学家们认为，大约6500万年前小行星撞击了地球，造成包括恐龙在内的许多动物的灭绝。

❓ 两艘机器人宇宙飞船曾经飞越水星：水手10号在1974年飞过水星，信使号在2011—2015年间绕水星轨道运行。

火星是一个寒冷、布满沙尘的红色行星，但科学家们却对火星充满了激情。事实上，火星是我们在太阳系中探索最多的行星，主要因为它和地球有太多的相似之处。和地球一样，火星也有季节交替造成的天气变化，南北极也有极冠。科学家们认为，火星几十亿年之前可能比现在温暖湿润，甚至有咸的洪水从山丘和环形山流淌而下。由于火星过去或许蕴藏过水，所以它也可能曾经存在过生命。科学家们和太空迷们都希望人类有朝一日能够登陆火星。

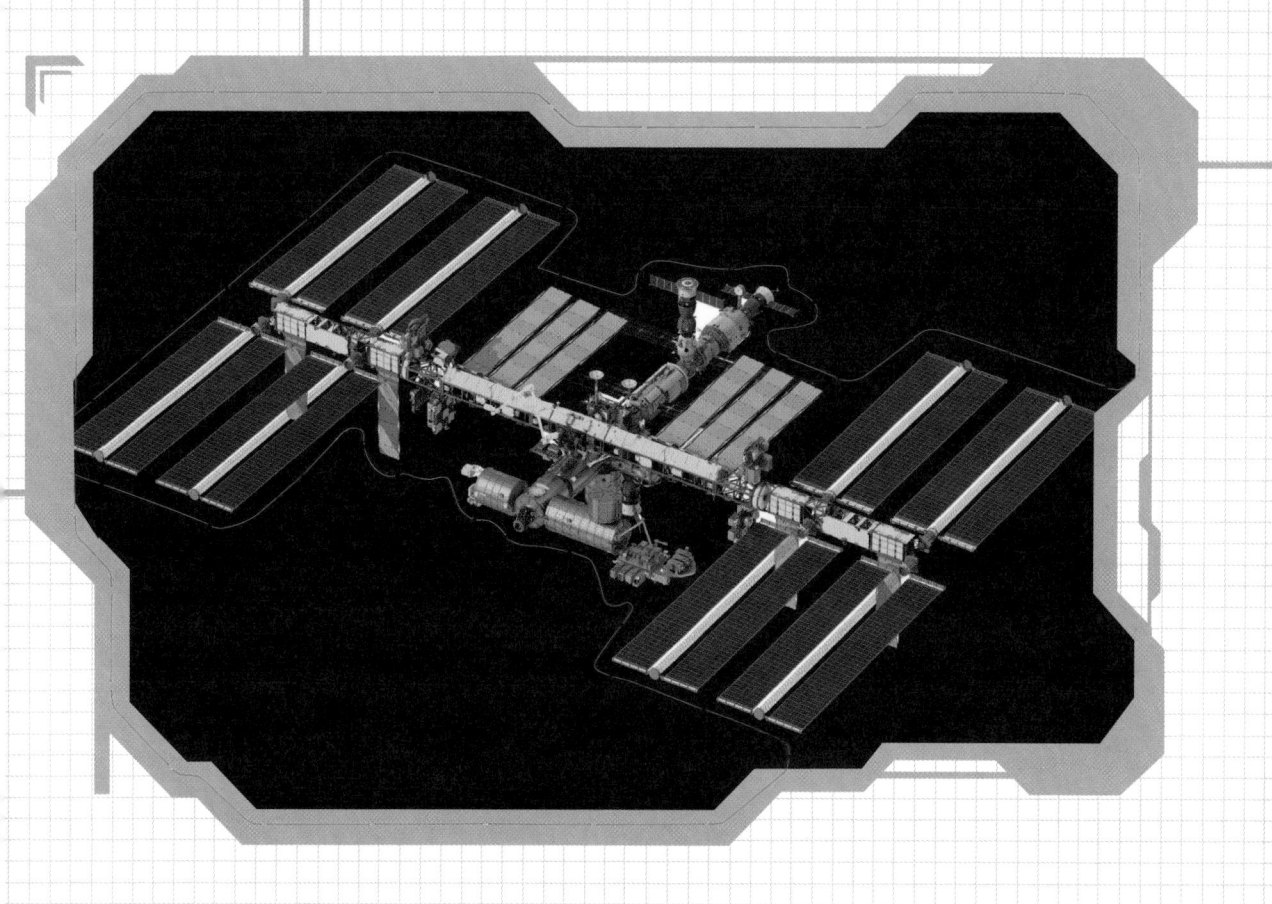

国际空间站

这是人类建造过的最令人惊叹的太空机器!在离地球表面400千米的轨道上以每小时28 200千米的速度飞行,国际空间站(ISS)自从2000年起已成为航天员的家园。每次最多可以供六位航天员生活,主要的目的是开展低轨道试验。国际空间站每90分钟绕地球飞行一圈,每天24小时飞行16圈。它那巨大的身躯在夜晚不借助望远镜也可以看见,是我们在天空中可以看到的除了太阳和月亮外最亮的物体。

建造时间:1998—2011年

长度:109米

质量:419 725千克

动力来源:262 400面太阳能电池

估计耗资:超过1000亿美元

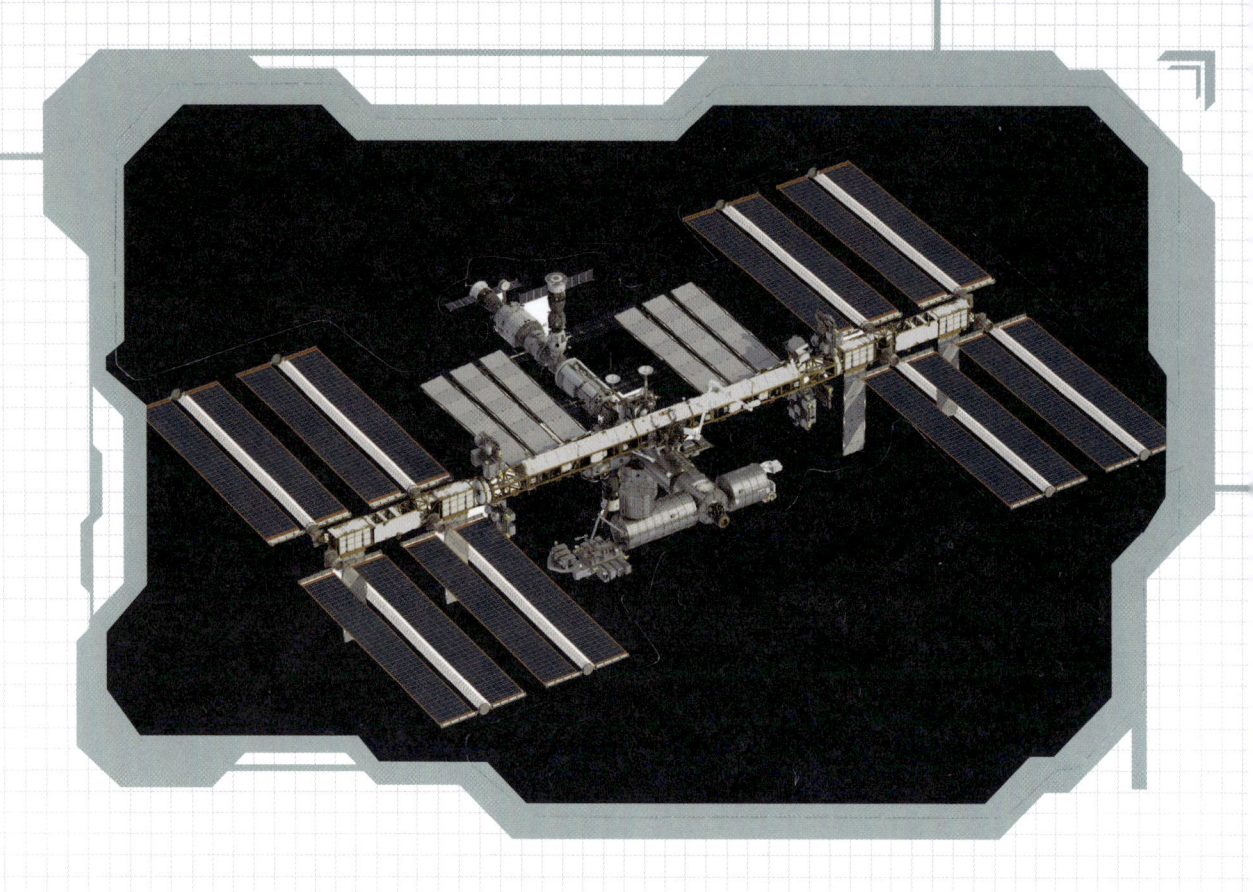

» 国际空间站的每组太阳能电池帆板阵列都比一架客机长，这些电池帆板一起产生的电足够40个家庭使用！

» 有时候航天员不得不走出国际空间站去工作。他们一共实施了超过205次的太空行走。

你知道吗？

❓ 来自18个国家的超过230位航天员造访过国际空间站。

❓ 国际空间站里的引力很小，所以航天员每天要锻炼两小时以免肌肉萎缩。

❓ 15个国家联合建造了国际空间站，其中包括美国、俄罗斯、加拿大、法国和日本等。

航天飞机

　　带着巨大的橙色外部燃料罐和两枚固体火箭助推器，美国宇航局的航天飞机在地动山摇的轰鸣声中腾空而起钻入云天，这在航天飞机30年的生命期中是一幕特别的景观。目前，一共有6架不同的航天飞机，它们是企业号、哥伦比亚号、挑战者号、发现号、奋进号和阿特兰蒂斯号。它们执行的任务包括进行空间实验，帮助建造国际空间站。美国宇航局了不起的创意就是制造了世界上第一艘可以重复使用的宇宙飞船。6架航天飞机总共飞行了8.64亿千米，执行过134次飞行，围绕地球飞行了20 952圈，将355人送入太空。

官方名称：太空运输系统

服役期：1981—2011年

在太空的时长：1320天

最高速度：每小时28 164千米

耗资：1137亿美元

» 航天飞机巨大的橙色部分是它的外部燃料罐，里面存储的液氢和液氧给航天飞机的3台主发动机提供燃料。

» 一架改装过的波音747航天飞机运输机运载着航天飞机往来于美国宇航局的各个机构。航天飞机驻停在大型喷气式客机上看起来非常奇怪！

你知道吗？

❓ 约翰·格伦1998年乘坐发现号航天飞机进入太空，时年77岁，成为进入太空的最年长者。

❓ 哥伦比亚号航天飞机执行了时间最长的单一任务，持续了17天15小时53分18秒。

❓ 所有的航天飞机大约都是长56米，翼展24米，经常乘坐7位航天员。

美国航天员和苏联航天员

这些严格训练过的人员有最令人兴奋的工作，就是离开再回到地球！他们乘坐宇宙飞船执行诸如登月和前往国际空间站的任务，他们还协助人造卫星进入轨道。第一个进入太空的人是苏联航天员尤里·加加林。1961年4月，加加林乘坐东方1号宇宙飞船进入地球轨道，环绕地球飞行了108分钟。1969年，首位乘坐宇宙飞船登陆月球并在月面上行走的是美国航天员尼尔·奥尔登·阿姆斯特朗。

» 苏联航天员瓦莲京娜·捷列什科娃是第一位进入太空的女航天员。1963年6月，她和其他成员一起搭乘东方6号宇宙飞船在地球轨道上绕地球飞行了48圈。

》 航天服造价十分昂贵，美国宇航局制作一件新的航天服可能要耗资2.5亿美元。

你知道吗？

❓ 2018年，欧洲空间局（ESA）有8位现役航天员，7男1女。

❓ 1965年，苏联航天员阿列克谢·列昂诺夫实现了第一次太空行走。他走出上升2号宇宙飞船，在太空逗留了12分钟。

❓ 英国航天员蒂姆·皮克在国际空间站的跑步机上用3小时35分钟跑了大约42千米，相当于马拉松的距离。

这套特殊的白色航天服，是航天员进行太空行走时穿着来保护他们的。背后的背包叫作主生命支持子系统，它可以提供氧气，清除二氧化碳，还有一个电池包。头盔必须足够坚固，可以承受小物体对航天员的撞击。航天服头盔的面罩上有一层薄薄的黄金镀膜，用于保护航天员的眼睛免受太阳射线的辐射。航天服有14层特殊材料，这些特殊材料提供温度控制和保护功能。穿戴这套航天服，航天员得花上45分钟，之后航天员还要用一个小时时间呼吸纯氧气，适应航天服里的低压环境。

联盟号宇宙飞船

由于美国宇航局的航天飞机于2011年全部退役，航天员前往国际空间站要搭乘俄罗斯的联盟号宇宙飞船。现在也只有它往来于地面和国际空间站之间，运送航天员和给养。联盟号每次最多可以搭乘3位航天员前往国际空间站，单程需要6个小时。但因为地球引力，返回地面只需一半的时间！航天员的座舱位于联盟号火箭的顶端，发射后9分钟就可以进入太空，座舱与国际空间站对接后，航天员就可以进入空间站了。

座舱长度：7米

座舱宽度（不包括阵列）：2.7米

发射地点：哈萨克斯坦拜科努尔航天发射场

发射火箭：联盟号FG型运载火箭

无人和载人飞行次数：超过1700次

» 联盟号宇宙飞船的每一面太阳能电池板都有4.2米长，超过普通住家房门高度的2倍。

你知道吗？

❓ 2000年，联盟号首次将航天员送上国际空间站。它从哈萨克斯坦发射升空，载有2名俄罗斯航天员和1名美国航天员。

❓ 联盟号着陆前会使用小型火箭发动机和减速伞将下降速度减至每小时7.2千米。

❓ 至少会有一艘联盟号宇宙飞船与国际空间站保持对接状态，它是国际空间站的紧急逃生飞船。

联盟号的设计始于1960年，1966年实现首飞。它的名字取自俄语的"联盟"，与美国合作后成为"自动客运飞船"。它已经成功完成了超过1700次的发射任务，成为有史以来最成功的发射载具。它由3个舱室组成：轨道舱是航天员在轨飞行时生活的地方，空间相当于一辆房车大小；返回舱则是在联盟号发射或者返回地球时使用，它可以穿越大气层将航天员机组带回地球，并使用小型火箭发动机进行制动软着陆；第三个舱室装载补给，如电池、太阳能电池帆板和舵机。

天空实验室

美国宇航局第一个空间站叫作天空实验室，它曾在1973年至1979年间环绕地球飞行，目标是开展空间实验，证明人类可以在太空中长期生存。天空实验室并不是一直有人值守，只有三次载人飞行任务前往了这个空间站，全都是在1973年。最长一次由天空实验室3号飞船执行，那次任务有3位航天员在上面驻留了84天1小时16分。天空实验室是由用于登月计划的土星5号运载火箭发射升空的，3位航天员搭乘土星1B号火箭进入天空实验室。

长度： 35.6米

质量： 7.7万千克

在轨天数： 2249天

有人值守天数： 171天

估计耗资： 22亿美元

» 美国宇航局航天员查尔斯·康拉德于1973年在天空实验室进行了一次太空行走，他兴奋地说道："美国的每一个孩子都该在这儿体会下激动人心的时刻。"

你知道吗？

❓ 世界上第一个空间站是苏联于1971年4月19日发射的礼炮1号，在轨运行175天。

❓ 天空实验室总共在轨绕地球飞行34 981圈，飞行超过14亿千米。

❓ 美国宇航局在1979年将天空实验室带回了地球。它的碎片落入印度洋东南部和西澳大利亚部分地区。

进入天空实验室的三批航天员，每批三人在空间站里进行了270次科学技术试验。这些试验涵盖了生物、物理和天文学，使用了90种不同的仪器设备。航天员还在天空实验室外实现了超过41小时的太空行走，太空行走的正式称谓是太空船外活动（EVA）。天空实验室最知名的实验之一是用两只名叫阿拉贝拉和安妮塔的普通园蛛开展的实验，它研究了太空微重力环境对蜘蛛结网能力的影响。天空实验室任务最重要的成就是让航天员在太空逗留的时间比过去多了一倍。

哈勃空间望远镜

哈勃空间望远镜在距离地面547千米的轨道上运行，拍摄了壮观的星系、行星、恒星的诞生与消亡等许多照片。1990年，哈勃空间望远镜进入太空，每96分钟环绕地球一周，进行了超过130万次的观测。它的主镜口径2.4米，将光反射到较小的镜，然后向地面传回数据。美国航天员对其进行过五次维修，最后一次是在2009年。它之所以可以拍摄到如此令人惊叹的图像，是因为它在大气层以外，不会受到云和光污染的影响。

长度： 13.2米

宽度： 4.2米

质量： 10 886千克

飞行速度： 每小时2.73万千米

已经飞行的路程： 超过64亿千米

» 哈勃空间望远镜可以分辨出1千米外和头发丝一样细的物体!

» 这张壮观的照片是由哈勃空间望远镜拍摄的,显示了有史以来最大的恒星诞生区域之一的一部分,它就是船底座星云。

你知道吗?

❓ 哈勃空间望远镜从建造到发射和维修一共耗资约100亿美元。

❓ 2018年,哈勃空间望远镜观测到了有史以来最遥远的恒星——伊卡洛斯(Icarus),它的光花了90亿年才抵达地球。

❓ 哈勃空间望远镜的名字取自美国著名天文学家埃德温·哈勃。他在恒星和星系方面做出过重要贡献。

月球

月球是一个不可思议的研究对象，因为离地球最近，它也是最容易研究的卫星。有人认为，45亿年前一颗如同火星大小的天体撞击了地球，撞击后的碎片最终聚集在一起形成了月球，开始围绕着地球公转。在大约1亿年的时间里，月球处于炙热的熔融状态，并且有活火山。但是，之后便开始冷却，形成了月壳。月壳下面是岩浆鼓泡。慢慢地，岩浆形成了厚厚的月幔，它的中心是一个半径为240千米的富含铁的月核。

半径： 1737.5千米

温度： −173～127℃

距地球平均距离： 38.44万千米

围绕地球公转周期： 27天

引力： 航天员在月球上称重只有地球上的六分之一，这就是他们虽然穿了航天服和靴子还能在月球表面上跳着走的原因

» 月球表面上相对明亮的区域被称为高原，暗些的区域则曾经被岩浆肆虐过。

» 1969年到1972年登月的航天员的脚印留存至今，因为月球上没有风，无法刮掉这些痕迹。

你知道吗？

❓ 在地球和月球之间，可以放30个地球。事实上，月球每年都在以2.5厘米的速度远离地球。

❓ 月球自身不发光，而是和其他行星一样反射太阳光。

❓ 月球的大小在太阳系行星的卫星里，排在第五位。木星的木卫三、土星的土卫六（泰坦星）、木星的木卫四和木卫一都比月球大。

土星5号运载火箭

任何要进入太空的物体都需要火箭运载。美国宇航局的土星5号超级运载火箭，在20世纪60至70年代将阿波罗系列飞船送上月球。土星5号的高度是航天飞机的2倍，它的5台F-1火箭发动机使用77万升的煤油燃料和120万升的液氧将火箭推到距离发射台68千米以上的高度。土星5号是三级火箭，每级火箭都会在燃料耗尽后坠落。指令舱负责环绕月球飞行，登月舱则运载航天员登陆月球表面，所以这两个舱都位于火箭的顶端。

高度： 111米

发射质量： 280万千克

火箭类型： 重型运载火箭

首次发射日期： 1967年11月9日

最后一次发射日期： 1973年5月14日

项目耗资： 64亿美元

» 土星5号大概有36层楼那么高，比纽约的自由女神像还高18米呢！

在土星5号运载航天员登月前，美国宇航局建造过两枚稍小的土星系列火箭，将人类送入了地球环绕轨道。土星1号和土星1B号证明了这系列的运载火箭系统工作状态良好，具有抵达月球的潜力。德国火箭科学家沃纳·冯·布劳恩博士是土星5号成功的背后最重要的人物之一。布劳恩在"二战"期间曾在德国发展火箭技术，战后于20世纪60年代带领美国宇航局一个团队建造了土星5号，并帮助美国宇航局成功完成了最著名的登月计划。

你知道吗？

❓ 土星5号的白色尖顶是逃逸塔。如果发射时出现紧急情况，它可以让指令舱与主体火箭分离。

❓ 土星5号携带的燃料足够一辆轿车环绕地球行驶800圈。

❓ 最后一枚土星5号运载火箭并没有执行登月任务，而是将天空实验室送入轨道。

登月舱

1969年至1972年，所有六次登月都是美国宇航局完成的。登月是著名的阿波罗计划的一部分。此后，再没有人类登陆过月球表面。1969年7月16日，阿波罗11号宇宙飞船搭乘土星5号运载火箭从佛罗里达州的肯尼迪航天中心发射升空。航天员尼尔·阿姆斯特朗、迈克尔·科林斯和巴兹·奥尔德林在飞船上。阿姆斯特朗和奥尔德林在阿波罗11号的登月舱"鹰"里。登月舱与较大的呼号为"哥伦比亚"的指令舱分离，于7月20日着陆在月球表面。

高度： 6.9米

直径： 7米

质量： 4898千克

首个登月舱登陆月球表面时间： 1969年7月20日下午4点18分（美国东部时间）

登月舱估计耗资： 超过22亿美元

» 据估计有5.3亿观众收看了登月舱登陆月面的电视直播。

你知道吗？

❓ 六次阿波罗登月中，航天员采集了382千克的岩石、沙子和月尘样品并带回了地球。

❓ 登月舱由两部分组成：上升段和下降段。上升段负责运载航天员，下降段负责登陆月球。

❓ 在阿波罗11号从地球发射4天13小时42分后，阿姆斯特朗踏上了月球表面。

阿姆斯特朗是第一个离开登月舱踏上月球表面的人，奥尔德林紧随其后。他们携带实验设备，离开登月舱勘察月球表面，采集样品，冒险走出了90米。他们在月球上总共逗留了21小时36分，之后回到了登月舱离开月球并与指令舱重新对接。共有24位航天员曾经环绕月球飞行。阿波罗17号指令舱的驾驶员罗纳德·埃万斯保持了绕月飞行最长纪录：6天3小时48分。只有12位航天员有幸进入登月舱，登上那荒凉又布满尘土的月球表面。

月球车

航天员在月面上用过的最酷的高新技术装备之一就是这辆月球车。这种车在1971年至1972年的三次登月任务中是用来在月面上驾驶的，绰号"月球小车"。它的主要用途是帮助航天员探索更广的月球表面，并做更多的实验。这种电池驱动的车没有方向盘和刹车踏板，而是用两个座位中间的手柄来控制。驾驶它几乎没有高速行驶翻车的可能，因为它的平均时速只有8千米！

任务： 阿波罗15号、阿波罗16号和阿波罗17号

尺寸： 长3.1米，宽2.3米，高1.14米

质量： 210千克

最高速度： 每小时18千米

材质： 大部分为铝合金

» 月球车的前后两套轮子可以向相反的方向转动，帮助月球车转向。

你知道吗？

❓ 月球车造价大约为3800万美元，可能是史上最贵的四轮车了。

❓ 在航天员离开月球后，三辆月球车全部留在了月球。建造第四辆月球车的目的是提供备用设备。

❓ 航天员在地面上用来训练的月球车现在在美国休斯敦太空中心展出。

月球车是美国宇航局在短短17个月内设计制造的，但在月球上运行得非常好。它们在月面上行驶了10小时54分钟，里程超过90千米。其中离登月舱最远的一辆，距离为7.6千米。幸亏有了车载摄像机，太空迷们得以在地面上看到月球车行驶中的实时画面。航天员大卫·斯科特、詹姆斯·艾尔文、约翰·杨、查尔斯·杜克、尤金·塞尔南和哈里森·施密特幸运地成为月球车的驾驶员。每辆月球车都是四驱，有安全带、可调式脚蹬，甚至每个轮子后面都安装了挡泥板。

空间发射系统

2019年，美国宇航局将推出世界上威力最强大的运载火箭——空间发射系统！空间发射系统可以将4名航天员送入太空，也能发射科学探测器到达火星、土星和木星。第一版本的火箭叫Block 1，比16万辆科尔维特跑车的功率还大。Block 1高98米，比自由女神像（加基座）还高，可以运载9.5万千克的货物和航天员，大约是航天飞机运载量的4倍。

高度：98米

宽度：8.3米

发射质量：249万千克

发动机：4台S-25火箭发动机，2枚固体火箭助推器

最大载荷：9.5万千克

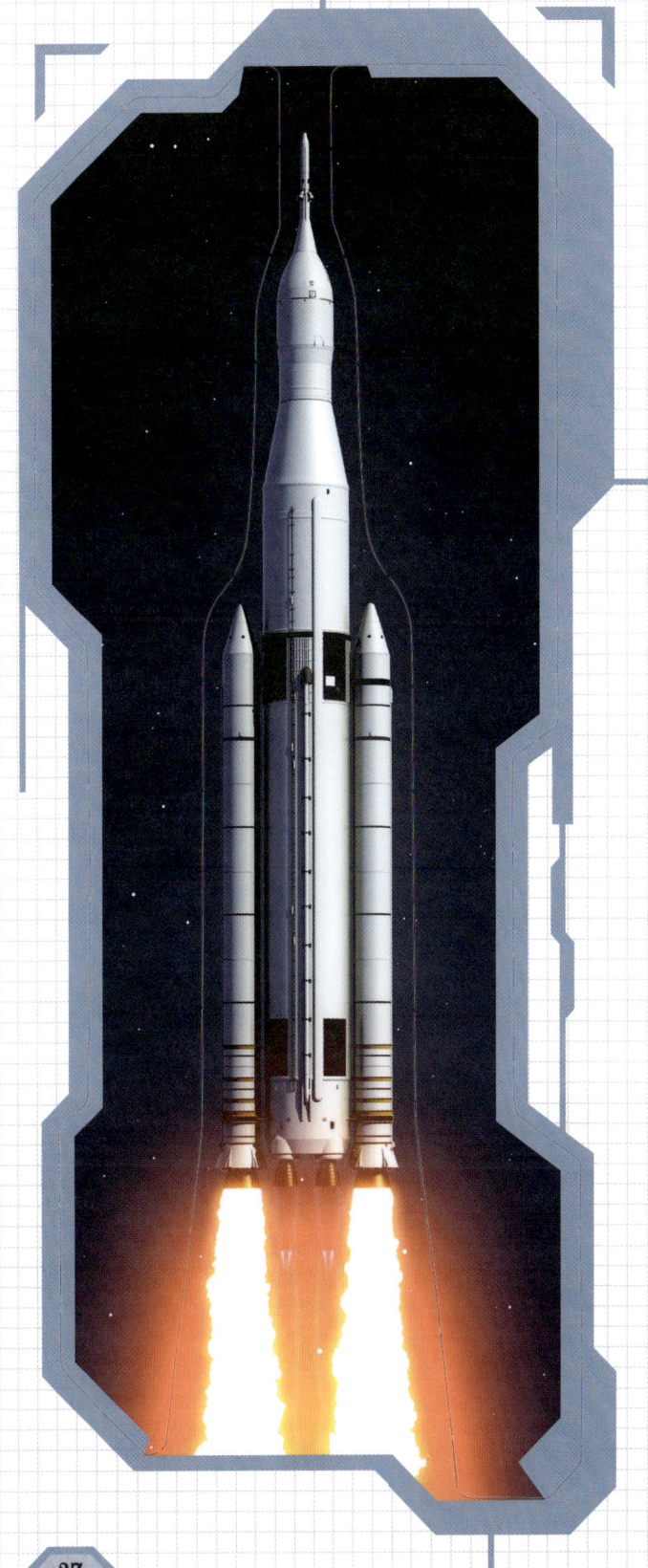

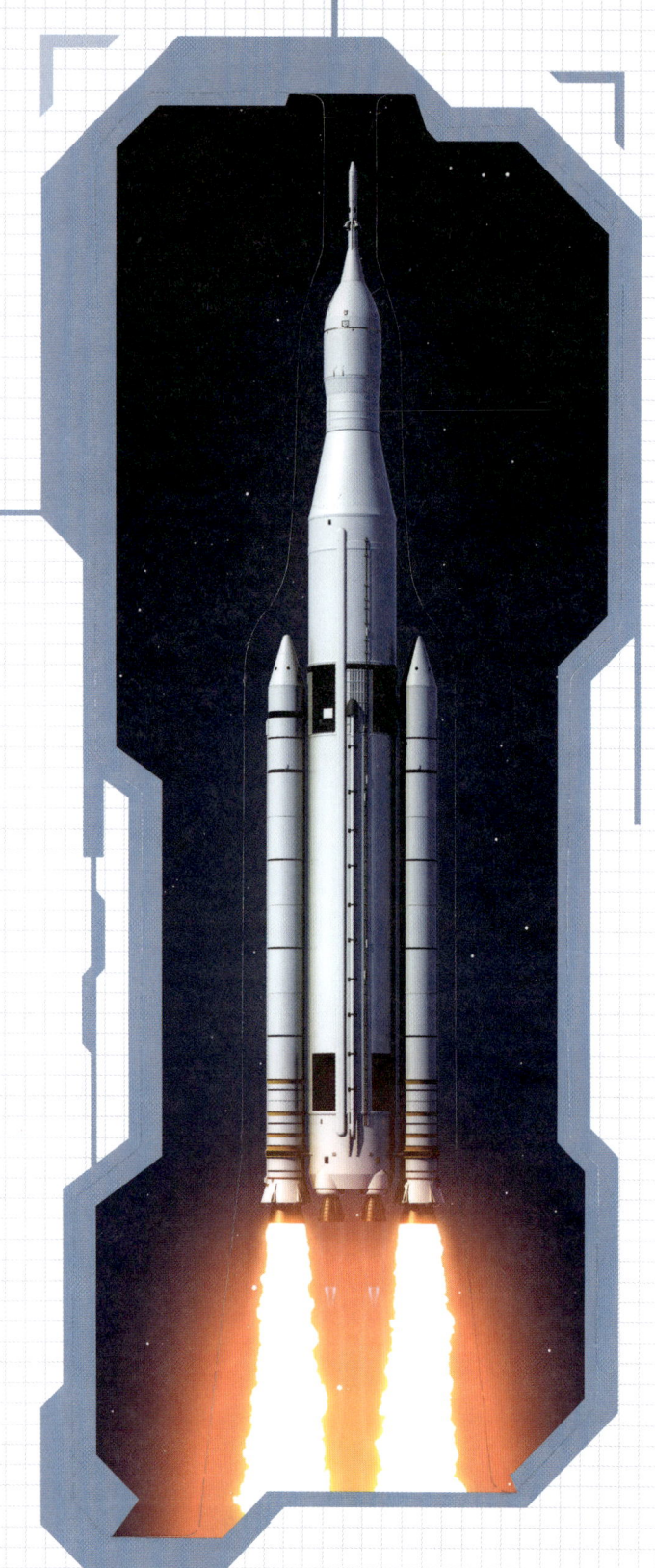

» 猎户座载人飞船将从空间发射系统的顶部分离，运载航天员进入轨道，或者前往国际空间站、月球和火星。

你知道吗？

❓ 空间发射系统设计的目的是发射无人探测器前往月球、火星、土星和木星进行科学研究。

❓ 空间发射系统还可以作为航天员前往国际空间站的后备交通工具。

❓ 三周的试飞期间，空间发射系统将远离地球超过45万千米。

太空探索技术公司（SpaceX）

政府资助的组织并不是进行航天活动的唯一团体，私人公司也在进行太空探索。太空探索技术公司就是2002年由南非工程师、亿万富翁埃隆·马斯克创立的。目前这家公司设计、建造和发射了两个巨型运载火箭——猎鹰9号和猎鹰重型，还有一艘货运飞船——龙飞船。太空探索技术公司2018年因为把特斯拉电动跑车发射到太空中而名声大噪。特斯拉跑车由猎鹰重型火箭送入太空，驾驶座位上还坐着一位假人航天员"星人"（Starman）。到2018年5月，它已经远离地球超过3500万千米。

太空探索技术公司总部：加利福尼亚州

发射地点：加利福尼亚州范登堡空军基地，佛罗里达州肯尼迪航天中心

雇员：超过5000名

终极目的：探索在其他行星上生存的办法

» 研究人员说，被发射到太空的特斯拉跑车在未来的100万年里坠入地球大气层的可能性都非常小！

» 太空探索技术公司的猎鹰重型运载火箭是目前正在服役的最强大的运载火箭，可以将6.4万千克的载荷送入轨道，每次发射耗资9000万美元。

你知道吗？

❓ 埃隆·马斯克拥有特斯拉电动跑车公司，而发射升空的是他自己的座驾。

❓ 那辆升空的特斯拉跑车，正以每小时大约1.2万千米的速度飞离地球。

❓ 太空探索技术公司现在正朝着未来的火星探测任务和将航天器送入月球环绕轨道的目标而努力。

机遇号火星车

　　这辆叫作机遇号的六轮机器人火星车2004年1月着陆火星表面，到现在它已经破了纪录！它在火星上行驶里程超过了45千米，是行驶里程最长的火星车，如今它仍在到处游荡！作为火星探测计划的一部分，机遇号的目的是搜索火星岩石和土壤上之前水的活动痕迹。机遇号装有许多工具，帮助其对火星进行探测，包括机械臂、岩石钻头、几架相机和一个特殊的工具，叫作光谱仪。光谱仪使用放射性的X光对火星表面进行详细研究。

发射日期： 2003年7月7日

平均速度： 每小时0.18千米

长度： 2.3米

高度： 1.5米

行驶里程： 超过45千米

» 机遇号安装的相机有三个不同的目的：导航、避险、获取研究目标的图像。

你知道吗？

❓ 机遇号是由德尔塔Ⅱ型重型运载火箭发射升空，由着陆器运送到火星表面的。

❓ 400多位科学家研究了机遇号发送回来的数据。

❓ 另外一辆火星车——好奇号，2012年登陆火星，它的任务是：找寻火星是否存在过生命的答案，研究火星气候和表面，搞清楚火星是否适合人类生存。

2015年，美国宇航局的科学家们欢庆机遇号行驶超过42.195千米，这几乎相当于马拉松长跑的距离。有些人可以用两个多小时跑完马拉松，而机遇号则用了11个地球年零2个地球月，或者说是3968个火星日！此前，在地球以外的天体上，机器人探测车最长里程保持者是苏联的月球车2号。1973年，它在月球表面上行驶了令人惊叹的37千米。机遇号的"孪生兄弟"叫勇气号，也在那次任务中登陆火星，不过，它只工作了6年，行驶了7.73千米，拍摄了12.4万张照片。

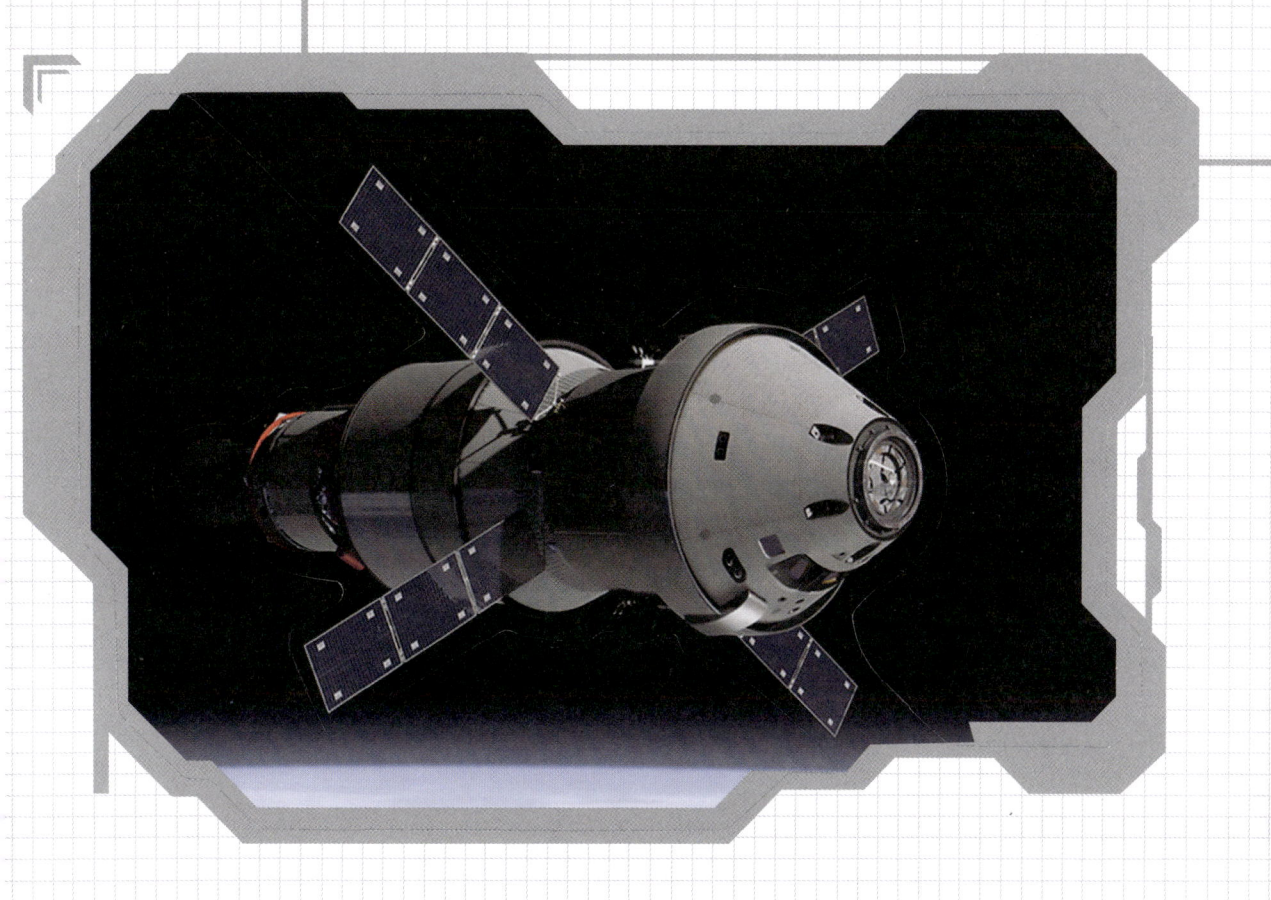

猎户座载人飞船

猎户座载人飞船的目的是将人类送入前所未有的更遥远的太空中。美国宇航局正在建造、测试这款未来的航天器。它将由空间发射系统发射升空，载着航天员向着比月球更遥远的深层空间飞行数月。未来，它将在小行星甚至火星上着陆。猎户座载人飞船上航天员乘坐的部分叫乘员舱，在它的下面是服务舱，主要负责携带水和氧气，服务舱会在乘员舱返回地球前与之在轨分离。

乘员舱直径： 5米

发射质量： 10 387千克（乘员舱）

乘员数量： 4位

返回地球大气层时的速度： 每小时4.02万千米

返回地球时的表面温度： 2760℃

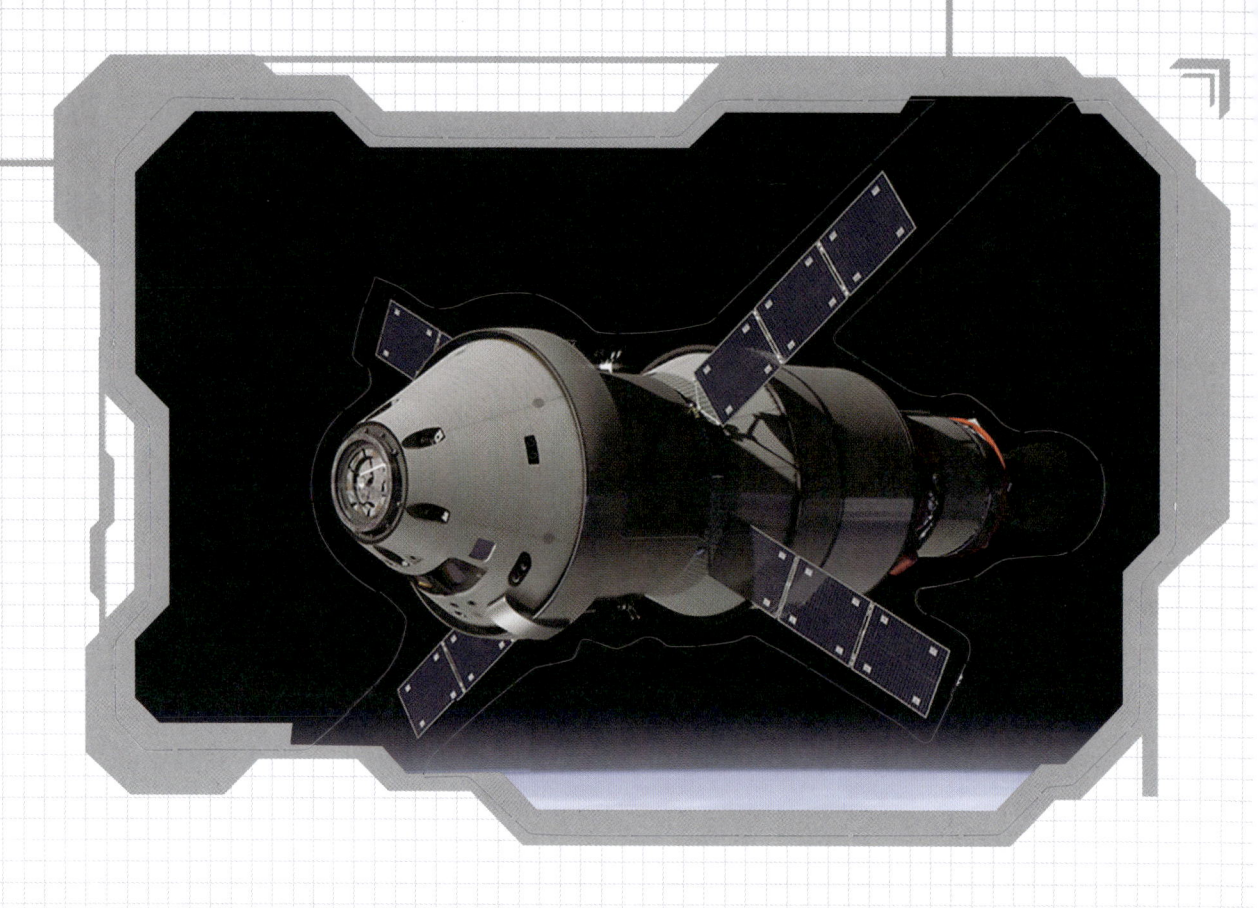

» 猎户座四组太阳能电池帆板阵列中的每一组提供的电力，足够两个小家庭的日常使用。

» 2014年，猎户座载人飞船曾经做过一次无人飞行试验，飞到距离地球5700多千米的地方后，返回地球坠入太平洋。

你知道吗？

❓ 发射逃逸系统（LAS）在猎户座载人飞船发射遇到紧急情况时可以很快将飞船送回地面。

❓ 服务舱有四组太阳能电池帆板，为猎户座载人飞船在太空中提供电力，每组宽2米，长7米。

❓ 服务舱大约由2万个部件组成，它们的尺寸和形状必须精确无误，以确保飞行安全。

火星2020探测车

火星2020探测车将成为有史以来登陆火星的最复杂、最先进的机器人探测车。它要做的最令人激动的事情就是将火星岩石和表面样品采集进容器中，并将其储存在火星上特定的地方。这些容器将在未来的火星任务中被带回地球，进行更细致的研究。火星2020探测车还将利用火星大气进行制氧实验，这对航天员未来的长期值守来说至关重要。它还将对火星上的天气和环境变化进行监测。

尺寸：长3米，宽2.7米，高2.2米

计划发射日期：2020年7月或8月

预计登陆日期：2021年2月

运载火箭：两级式阿特拉斯Ⅴ-541

发射耗资：2.43亿美元

» 尽管有这么多设备，火星2020探测车在地球上称重仅为1.05吨（比一辆小轿车还轻）。而在火星上，它只有400千克重！

你知道吗？

❓ 火星2020探测车会携带一架小型直升机登陆火星。在火星的稀薄大气里飞行，直升机需要消耗十倍于地球上的动力。

❓ 好奇号的时速为0.14千米，火星2020探测车的时速为0.16千米。但是，机遇号和勇气号的时速可达0.18千米，是最快的火星车！

❓ 火星2020探测车将安装总共23部相机。

和机遇号、勇气号一样，火星2020探测车也会安装钻头，以探测火星岩石和土壤。它还会安装至少一个话筒，首次录制火星上的声音和火星车着陆时的声响。火星2020探测车上的超级相机可以抓拍下在7米开外的一个小点。超级相机设有一个激光器可以气化微量的岩石，分析这些气化物质反射光的颜色可以帮助科学家了解这些岩石的物质构成。火星2020探测车定于2020年7月或者8月发射，因为届时地球和火星的位置使它可以用更少的能量完成旅程。探测任务有望持续至少687地球日。

气态巨行星

做好准备,一起了解一下一些巨行星的事实和数据吧!木星、土星、天王星和海王星在小行星带之外围绕太阳公转,它们也是巨行星。之所以叫它们气态巨行星,是因为它们没有固态的表面,所以无法让宇宙飞船在它们的表面着陆。木星是离太阳第五近的行星,也是迄今已知最大的行星。它的直径是地球的11倍,它可以装下1321颗地球,比其他所有行星质量总和的两倍还重。木星的卫星也是最多的,已知的是79颗,可能还有更多。

木星
平均半径:6.9911万千米　距日平均距离:7.78亿千米

土星
平均半径:5.8232万千米　距日平均距离:14亿千米

天王星
平均半径:2.5362万千米　距日平均距离:29亿千米

海王星
平均半径:2.4622万千米　距日平均距离:45亿千米

» 所有四颗气态巨行星都是主要由氢和氦构成的。

你知道吗？

❓ 天王星和海王星被称为冰态巨行星，因为它们的幔由固态水、甲烷和氨构成。

❓ 因为海王星距离太阳非常遥远，在它上面接收到的日照大约为地球上的1/900！

❓ 土星是太阳系中唯一一颗密度比水还低的行星，如果有一个足够大的浴盆可以装下它，它会浮在水面上！

木星上的大红斑是太阳系里最大的风暴，它相当于两颗地球的大小，有人认为它已经肆虐了300多年。土星看上去是最壮观的行星之一，通过望远镜目视，或者欣赏卡西尼号这样的宇宙飞船拍摄的照片，它那令人叹为观止的环如同具有魔力的环带一样绕着巨大的气态星球。土星拥有7条主要的行星环。这些行星环由卫星、彗星和小行星的残骸（它们被土星巨大的引力所撕碎），或者是太阳系形成过程中的残余物质组成。这些冰、岩石和灰尘颗粒，小的如同谷粒，大的如同山脉！每条环都在以不同的速度围绕着土星公转。

旅行者号探测器

美国宇航局最令人不可思议的两艘宇宙飞船就是旅行者1号和旅行者2号。起初，美国宇航局计划用它们去研究木星和土星，但在发射前，这两架探测器的研制进展非常成功，因此又给它们安排了对天王星和海王星的研究任务。它们于1977年发射升空，现在仍在运行，成为太阳系内距离我们最遥远的人造物体。截至2018年，旅行者1号已经飞离地球超过210亿千米，旅行者2号也已经飞行了超过170亿千米。旅行者1号飞得稍快，相对太阳的速率估计为每小时6.1万千米。

发射时间：

旅行者2号　1977年8月20日

旅行者1号　1977年9月5日

质量： 每艘都是722千克

运载火箭： 泰坦Ⅲ半人马座火箭

任务耗资： 超过9.88亿美元

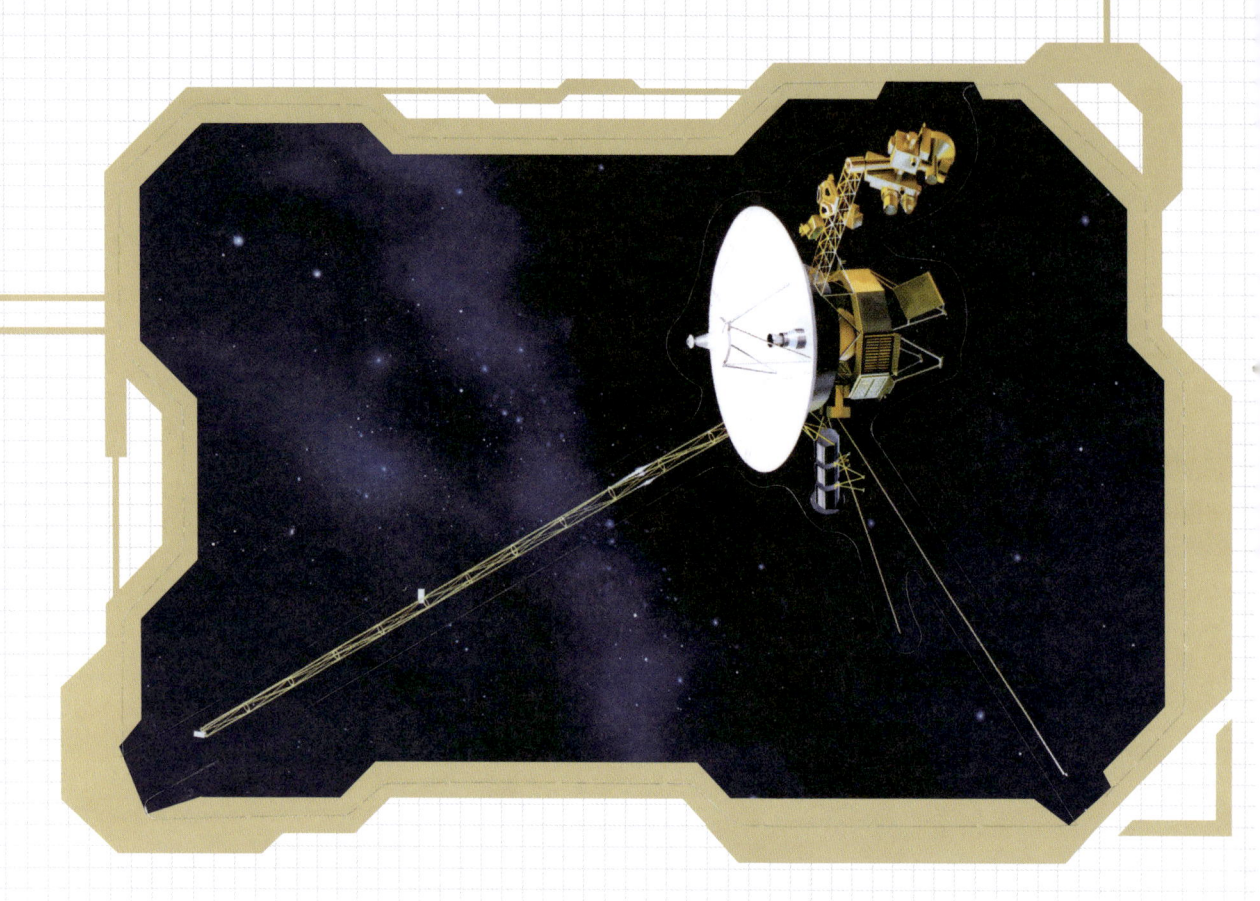

» 用来制造两艘旅行者号探测器的材料是铝和铝合金。

你知道吗？

❓ 1977年的发射利用了罕见的外行星的位置，这样的机会约175年才有一次。

❓ 旅行者1号和2号距离太阳过于遥远，无法利用太阳能，它们是依靠钚的放射性衰变获取能量的。

❓ 旅行者1号发出的无线电信号到达地球大约需要17个小时。

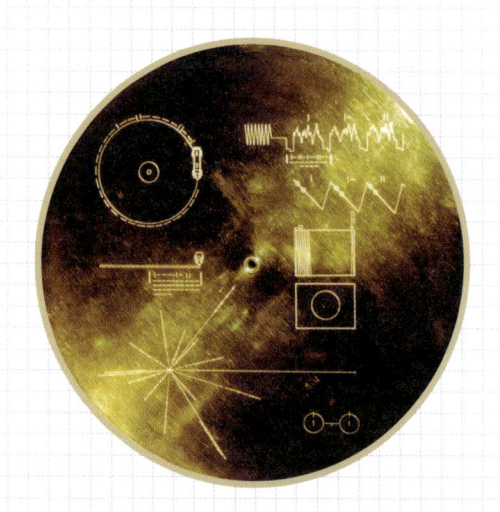

» 旅行者1号和2号分别携带了一张碟片，叫作金唱片，里面存有照片和声音，好让外星人知道我们的行星是什么样的。

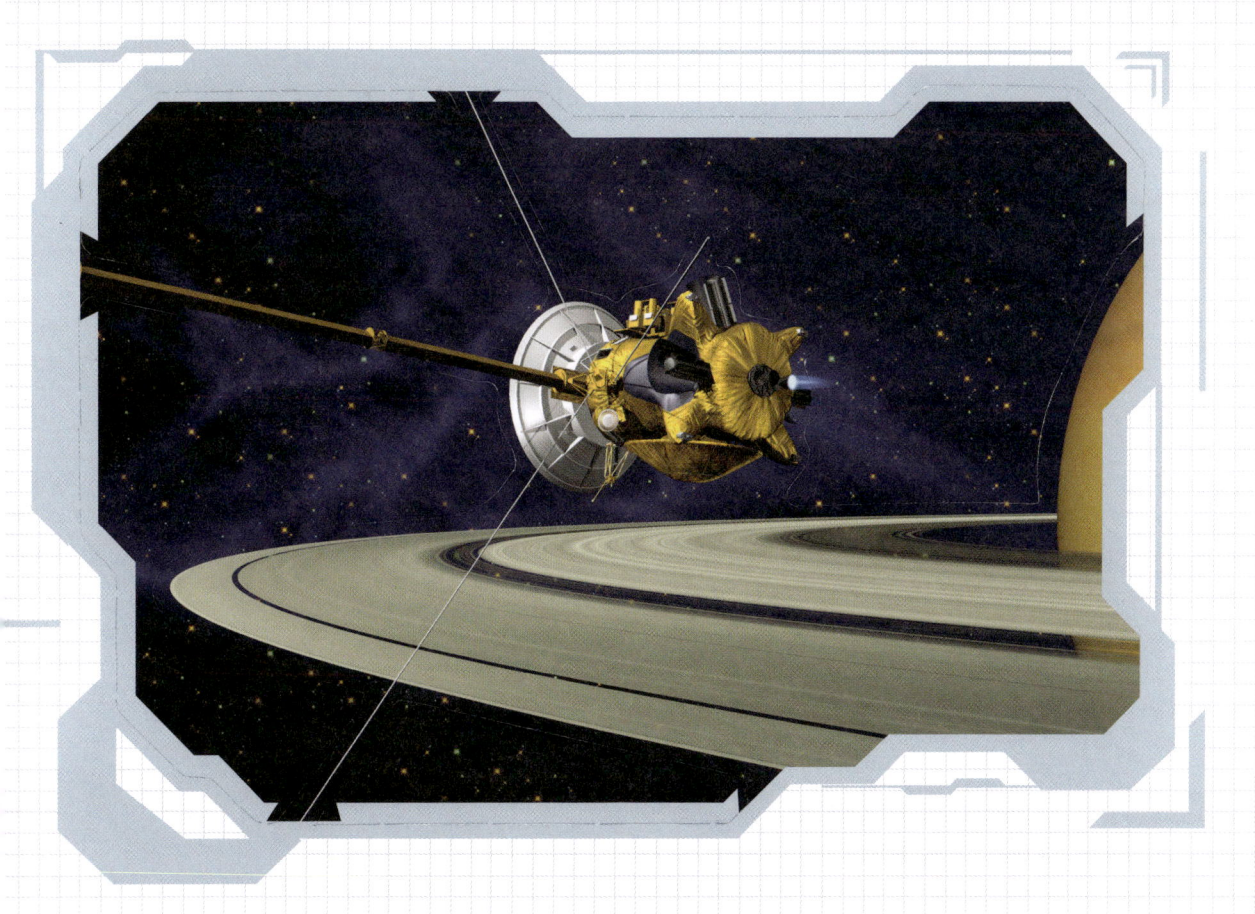

卡西尼-惠更斯任务

卡西尼-惠更斯任务持续了20年，这个令人惊叹的任务让科学家们对土星和它的行星环及其卫星有了更好的了解。卡西尼号宇宙飞船1997年10月发射后还完成了对金星和木星的飞行任务。卡西尼号的主要作用是释放一个叫"惠更斯"的小探测器，到土星最大的卫星——泰坦上。这一任务于2005年1月14日完成，它成了首个在其他行星的卫星上着陆的人造机器。在卡西尼号耗尽了它的火箭燃料后，科学家设定其于2017年9月15日坠入了土星的大气层。

飞行距离： 78亿千米

飞越土星卫星次数： 162次

拍摄的照片数量： 45.3048万张

环绕土星圈数： 294圈

2017年信号消失时的速度： 每小时11.1637万千米

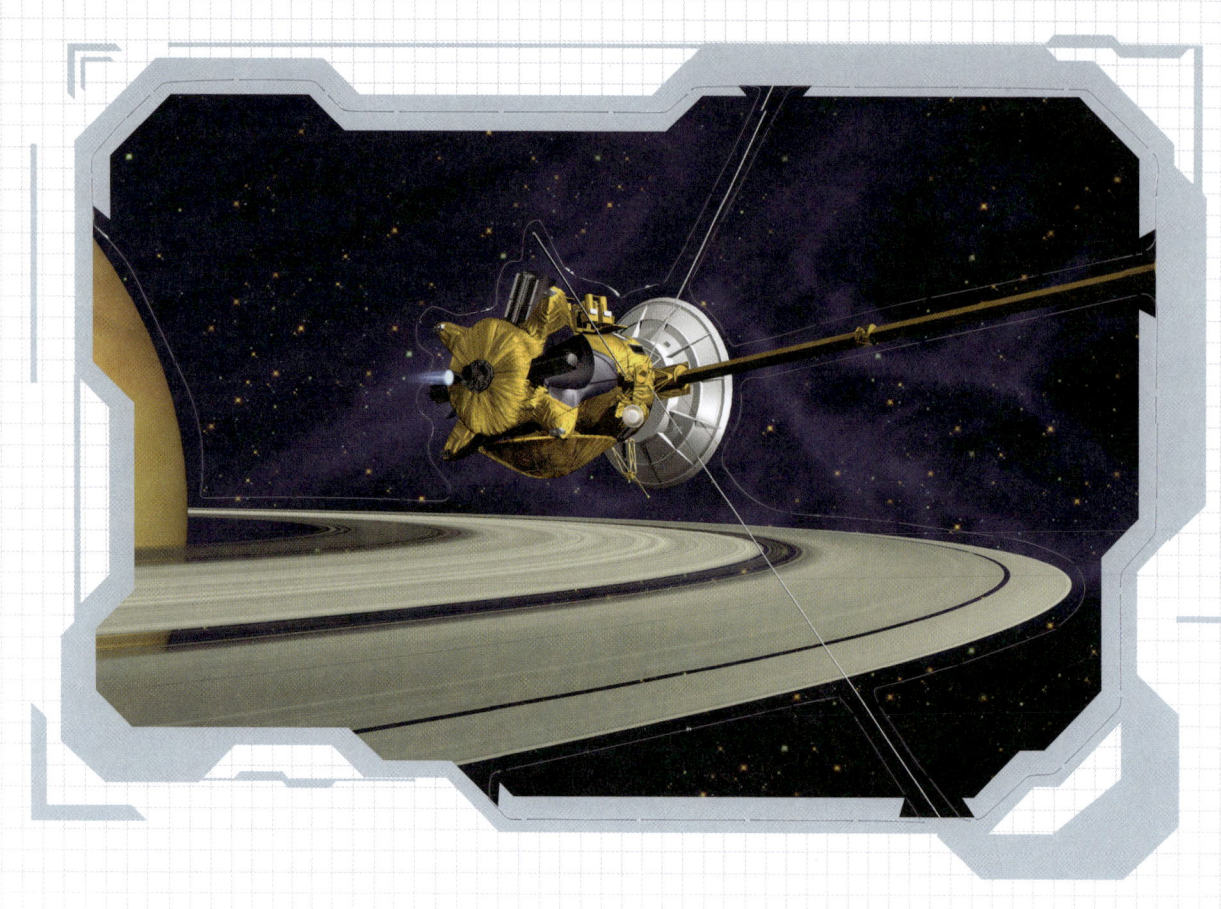

» 用于研究土星的卡西尼号探测器搭载了12台设备。

» 惠更斯号探测器耗时2小时27分着陆在泰坦星上，在其表面"生存"了72分钟。

你知道吗？

❓ 这个任务取名自两位著名的天文学家：克里斯蒂安·惠更斯和让·多米尼克·卡西尼。

❓ 卡西尼号探测器是迄今建造的最大行星际宇宙飞船，高6.7米，宽4米。

❓ 卡西尼-惠更斯任务总共花费了39亿美元，平均每年1.95亿美元。

冥王星和矮行星

　　冥王星形成于45亿年前，直到1930年才被发现。科学家们最初认为它是太阳系的第九颗行星，但2006年它被赋予了新的分类：矮行星。矮行星的引力很小，无法吸引附近的物体。但与所有行星一样，矮行星不会撞到与它们轨道相同的物体，因为它们的运动速度相同。冥王星直径约为月球的2/3，表面温度最低可达-240℃。2015年，美国宇航局新视野号宇宙飞船发现冥王星上有像雪一样的颗粒物质，降在冥王星表面。

冥王星
平均半径：1151千米　距日平均距离：59亿千米

谷神星
平均半径：476千米　距日平均距离：4.13亿千米

阋神星
平均半径：1163千米　距日平均距离：62亿千米

鸟神星
平均半径：715千米　距日平均距离：68亿千米

妊神星
平均半径：620千米　距日平均距离：64亿千米

» 冥王星有5颗已知的卫星,最大的是卡戎星(冥卫一),大约有冥王星一半那么大。

你知道吗?

❓ 谷神星围绕太阳公转一周要1682个地球日,超过了4年半!

❓ 妊神星的昵称是"圣诞老人",因为它是在2004年圣诞节前后被发现的。不过,它那高速的自转使其看起来更像一个橄榄球!

❓ 柯伊伯带距离太阳65亿千米,专家认为那里可能有超过1万亿颗彗星。

还有四颗已经确认的矮行星,它们是谷神星、阋神星、鸟神星和妊神星。除了谷神星,其他围绕太阳公转的矮行星都位于海王星以外遥远的柯伊伯带。阋神星差不多和冥王星一样大。鸟神星比阋神星和冥王星略小,是柯伊伯带最亮的天体。妊神星是太阳系自转速度最快的大天体之一。谷神星是小行星带最大的天体,比木星距离太阳更近。它在200多年前的1801年被首次发现,2015年美国宇航局的黎明号宇宙飞船造访了谷神星。这是人造探测器抵达的第一颗矮行星。

新视野号宇宙飞船

对于深空探测任务来说这是一个完美的名字——新视野号，真的让我们大开眼界！美国宇航局2006年1月将它发射升空。新视野号是前往冥王星的第一艘探测器，第一次探索了柯伊伯带，第一次研究了冰质矮行星。2015年，新视野号用了半年时间获取了冥王星及其卫星的数据。这艘宇宙飞船从距离冥王星表面仅12 550千米处飞过。2018年，它还在距离地球61.2亿千米处拍摄了一个银河疏散星团，创造了新的纪录。

长度： 2.1米

宽度： 2.7米

发射质量： 478千克

日飞行距离： 110万千米

项目耗资： 约7亿美元

» 新视野号采用类似真空玻璃烧瓶一样的原理保持热量。它金色的热绝缘覆盖层将宇宙飞船的温度保持在10～30℃。

你知道吗？

❷ 新视野号相机的工作环境相当于地球上白天光照的千分之一。

❷ 它在执行冥王星探测任务时发射的无线电信号要耗时4小时25分才能传回地球。

❷ 在新视野号最接近木星的一次抵近飞行中，它的最高时速超过了75 000千米。

新视野号搭载有7台主要科学设备，它们都有特殊的名称。雷尔夫（Ralph）是一部相机，可以拍摄彩色照片。爱丽丝（Alice）是另外一部相机，用于观测冥王星大气。雷克斯（REX）是一个与爱丽丝具有同样功能的特殊仪器。远距离勘测成像仪（LORRI）是一部长焦镜头相机，用于绘制冥王星另一侧的图像。太阳风监测仪（SWAP）则用于研究冥王星如何与太阳风相互作用。高能粒子光谱仪（PEPSSI）则用于研究逃离冥王星的大气离子。尘粒计数器（SDC）用于测量空间尘埃。新视野号能耗低，在执行冥王星探测任务期间，它的功耗低于2个100瓦的电灯泡。它经常被设置进入长达五到六个月的休眠状态，目的是降低运行成本和对设备的损耗。

彗星、流星和陨星

在太空中，有些景象是非常壮观的。彗星是高速飞行的球，围绕太阳公转。它们由冰冻气体、岩石和尘埃组成，这些物质是行星形成后的残余物。彗星的中心叫作彗核。当彗星接近太阳时，彗核周围的冰冻气体被加热并膨胀形成彗尾，彗尾会延伸长达几百万千米。流星撞击地球大气层时会燃烧发光，如果穿过了大气层落到了地面就是陨星。

2018年已知的彗星数： 3052颗

估计每天落入地球的陨星物质： 4.4万千克

地球上发现的陨星数： 超过5万颗

已发现的地球上的陨星撞击坑： 大约170个

» 在地球上已经发现的超过5万颗陨星中，99.8%来自小行星。

你知道吗？

❓ 2015年，太阳和太阳风层探测器（SOHO）发现了第3000颗彗星。在1995年它发射之前，我们只确认了不到1000颗。

❓ 因为月球没有空气，流星是直接撞上月球表面的，没有任何燃烧过程。

❓ 著名的哈雷彗星在地球上大约每76年才能看到一次，下次要到2061年才可以看到。

柯伊伯带是一个面包圈形的巨大的空间区域，位于海王星之外。这个神秘的地带可能是几万亿颗彗星和几千颗直径超过100千米的冰冻天体的家园。柯伊伯带里的一些天体，包括矮行星冥王星，都有自己的卫星。在柯伊伯带的外部边缘，是奥尔特云。奥尔特云离太阳的距离比地球远大概10万倍。奥尔特云里的彗星绕太阳一圈需要长达3000万年的时间。在新视野号任务前，只有哈勃空间望远镜和地面上功能强大的望远镜可以看见柯伊伯带，让我们了解那里的彗星和冰冻天体。

罗塞塔彗星探测器

欧洲空间局执行过的最成功的深空探测任务之一是罗塞塔探测器任务。2014年它在67P/丘留莫夫—格拉西缅科彗星表面着陆，成为史上第一架在彗星上着陆的人造机器。罗塞塔史诗般的彗星之旅耗时超过十年，其间三次借助地球引力弹弓效应变轨（重力辅助变轨），一次借助火星。2016年9月，当罗塞塔将彗星和深空的惊人数据发回地球后，它的使命结束了，彼时，它飞过的路程超过地球到太阳距离的42倍。

探测器尺寸（不包括翼展）：长2.8米，宽2米

太阳能电池帆板尺寸：宽32米

发射质量：3000千克

距离地球最远距离：大约10亿千米

项目耗资：14亿欧元

» 罗塞塔探测器搭载的设备可以对彗核和彗尾进行研究。

» 罗塞塔释放出的一颗叫"菲莱"的小型着陆器于2014年在彗星着陆。

你知道吗？

- 菲莱是一个1米高、1米宽的方盒子形的深空探测器，重100千克。

- 菲莱着陆后又从彗星表面弹了起来，继续在彗星表面上飞了两个多小时。

- 菲莱携带着钻探设备，可钻入彗星表面20多厘米，研究彗星表面和结构。

太阳轨道器

太阳轨道器是美国宇航局和欧洲空间局的一个合作项目，计划于2019年发射升空，目的是使之成为人类发射的最接近太阳的探测器。太阳轨道器拍摄的照片将帮助科学家们更深入地了解太阳，以及这片人类未知的太阳系区域。它离太阳的最近点将只有4200万千米，这听起来很远，但实际上比水星离太阳还近。太阳轨道器将花费大约3年时间完成大约1080亿千米的史诗般的旅程。

尺寸（不包括阵列和天线）： 宽3米，高2.5米，深2.5米

质量： 1800千克

发射地点： 美国佛罗里达州卡纳维拉尔角

距日最近点： 4200万千米

预期任务持续时间： 7年

耗资： 大约8.5亿欧元

》 太阳轨道器将是第一颗近距离拍摄太阳极区图像的人造卫星，太阳的两极在地球上是很难观测的。

你知道吗？

❓ 一旦太阳轨道器就位，每五个月，它都将抵近飞越一次太阳，比其他任何探测器离得都要近。

❓ 太阳轨道器将利用金星的引力实施重力辅助变轨帮助它更加接近太阳。

❓ 20世纪70年代，太阳神2号探测器曾经飞到距离太阳4343.2万千米的位置。

由于太阳轨道器将飞到距离太阳只有1/4距离的位置上，它将暴露在极高温的环境下，面对的阳光将比地球上的强烈13倍，温度会达到520℃，这比大多数家用微波炉加热温度要热得多。轨道器将总是直接对着太阳，因此，它有一个厚厚的、比自身主体还要大的隔热罩。隔热罩的外层材料是钛，强度很硬，但很轻，还有许多箔层，将为轨道器的敏感设备提供最大限度的保护，使其免受太阳的强热影响和强光照射。

凌星系外行星巡天卫星

凌星系外行星巡天卫星是一架空间望远镜，由美国宇航局发射升空，将找寻太阳系以外其他恒星周围的行星，还可能发现存在着外星生命的行星！凌星系外行星巡天卫星拥有四部广角相机，可以巡视距离太阳较近的超过20万颗最亮的恒星。这些相机将对26个天区进行至少27天的详细观测，以找寻行星存在的线索。科学家们预计，它将发现至少500颗地球大小或者最大两倍于地球大小的行星。

发射日期：2018年4月18日

尺寸（包括阵列）：3.9米×1.2米×1.5米

发射质量：325千克

预期任务持续时间：2年

项目耗资：2.43亿美元

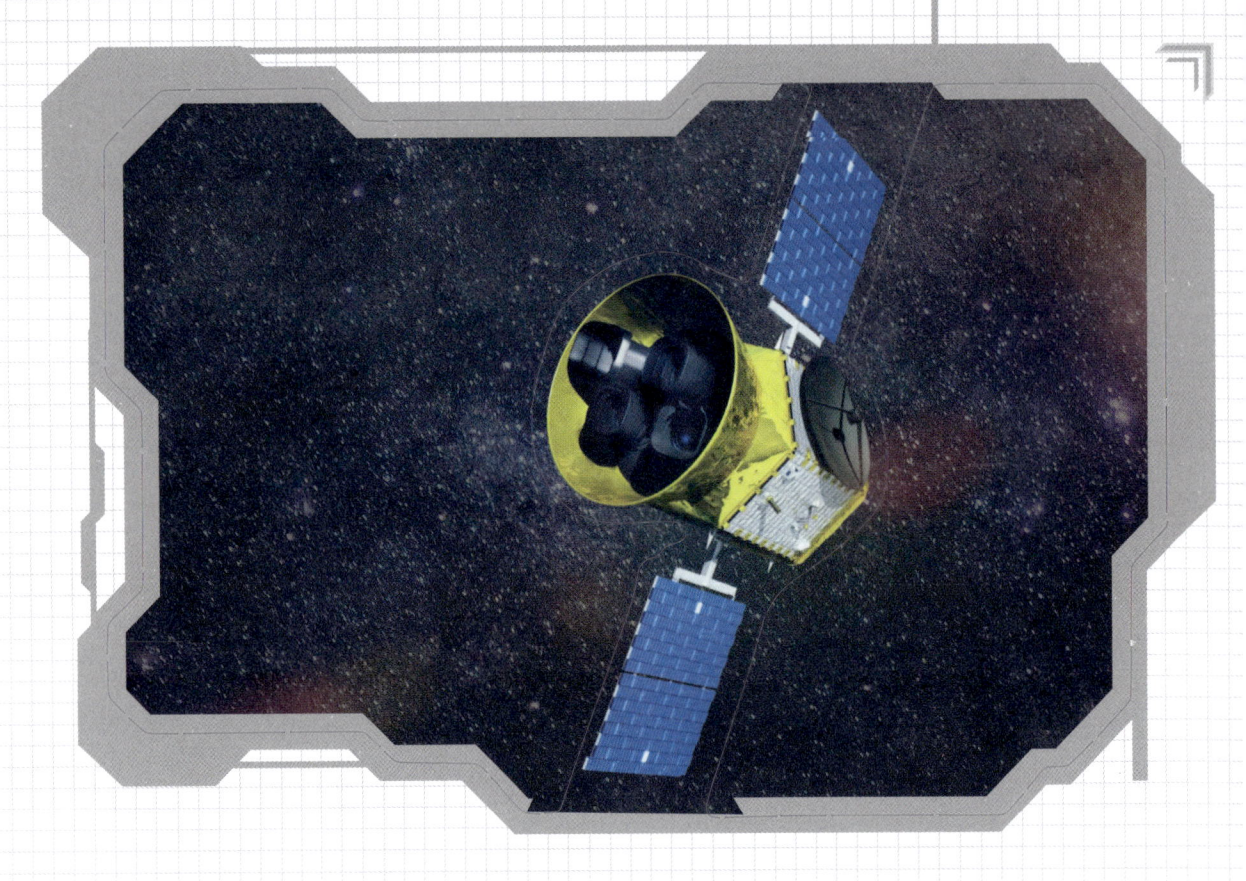

» 凌星系外行星巡天卫星将把整个天空划分成26个天区进行观测研究。

你知道吗？

❓ 两年的任务期间，凌星系外行星巡天卫星将在距离地球107 800千米到373 400千米之间的空间飞行。

❓ 当凌星系外行星巡天卫星在太空运行到快70天时，它开始观测，在这个阶段，它绕地球一周需要13.7天。

❓ 凌星系外行星巡天卫星发现的系外行星将交给哈勃空间望远镜或者詹姆斯·韦伯空间望远镜进行进一步研究。

截至2018年5月，科学家们确认了银河系有行星围绕公转的恒星近3000颗，同时确认了系外行星近4000颗。在这近4000颗系外行星中，有近1000颗是类似地球和火星的行星，有固态岩质表面，这说明它们上面可能存在生命。凌星系外行星巡天卫星的任务之一是观测凌日。行星在恒星前面经过时，会造成恒星亮度的降低，这就是凌日。凌日现象是行星存在的证据，近80%的系外行星都是通过凌日现象发现的。可以期待的是，将来会再有上千颗系外行星被凌星系外行星巡天卫星发现并确认。

斯皮策空间望远镜

斯皮策空间望远镜探索太空，侦测令人惊异的特殊天体（如星系的核心和系外行星系统）已经超过了15年之久。斯皮策是一个红外望远镜，它探测的是热而不是光。这意味着它可以看到宇宙最黑暗的深处，并发现比光学望远镜更多的东西。对于斯皮策第一个五年半任务，它利用液氦让自身保持在-273℃。斯皮策拥有近30万个红外探测器，用于观测深空中的天体。

发射日期：2003年8月25日

发射质量：860千克

望远镜口径：85厘米

距离地球：约2.5亿千米

项目耗资：22亿美元

» 斯皮策空间望远镜是以天文学家莱曼·斯皮策的名字命名的。他是第一位提出将大型望远镜发射到太空中的人，促成了哈勃空间望远镜的开发。

你知道吗？

❓ 斯皮策的原始设计寿命为五年，但已经超期服役了很久，可能会至少运行到2020年。

❓ 斯皮策过去被称为空间红外望远镜设备。

❓ 斯皮策是美国宇航局的大型轨道天文台计划的第四部分，也是最后一部分，该计划还包括哈勃空间望远镜等。

斯皮策空间望远镜的大小与一辆汽车差不多。它在绕太阳轨道运行的同时也在跟踪地球。跟踪地球所形成的轨道也被称为日心轨道。这种方式不仅能够使斯皮策保持凉爽，还意味着它的视野只受太阳的限制，因此这台神奇的望远镜拥有非常广阔的视野，科学家可以在任何时间观察到三分之一的天空。它已经拍摄了许多壮观的照片，包括新诞生的恒星、遥远的星系和那些在生命的最后阶段发生猛烈而明亮爆炸的恒星，也就是超新星。

极大望远镜

绰号叫"观天最大眼"的极大望远镜将成为打破地面光学望远镜口径纪录的"终结者"。极大望远镜计划于2024年建成，将成为全世界最大的光学天文望远镜。它将有助于发现围绕其他恒星的行星——希望包括一些像地球这样的行星、超大质量黑洞和宇宙最早期的天体。它被安置在一个直径89米、重500万千克的旋转圆顶中。它有特别的五镜面设计，巨大的主镜则是由几百个小镜片拼接而成。

位置： 智利北部阿马索内斯山

海拔： 3046米

主镜口径： 39米

启用时间： 2024年

估计耗资： 12.9亿美元

> 欧洲南方天文台从2005年起就开始筹备极大望远镜计划，需要花费近20年才能最终建成。

你知道吗？

❓ 极大望远镜的聚光能力是人眼的一亿倍。

❓ 极大望远镜是欧洲南方天文台任务的一部分，旨在提高我们对宇宙的认识。

❓ 极大望远镜的主镜口径几乎是半个足球场的长度，由798面1.4米宽、5厘米厚的小镜面组成。

极大望远镜在欧洲设计，在南美洲智利的一座名叫阿马索内斯山的山顶上建造。2014年，建造工人开始爆破清运5000立方米的山顶岩石，以平整出一个建造望远镜的平台。当极大望远镜完工后，它将能够捕捉到比哈勃空间望远镜清晰16倍的图像，它还可以拍摄月面的着陆点，但依然看不清登月舱和月球车这样的遗留设备。这些物体太小了，即便是这个破纪录的望远镜，对于这些目标依然无能为力，要看到这些目标，需要一架口径200米的地面望远镜！

东方航天发射场

俄罗斯曾是苏联的加盟共和国，在太空飞行和探索领域扮演了举足轻重的角色。它于1957年将第一颗人造卫星——斯普特尼克1号送入太空，于1961年第一次将人类（航天员加加林）送入太空。俄罗斯现在正在本国东部地区建造庞大的东方航天发射场。这个大型的发射场，可以用来发射航天器入轨，将航天员送出大气层，支持深空探测。东方航天发射场的第一次火箭试验发射发生在2016年，这个发射场大到无法想象，最宽处达到36千米！

位置： 俄罗斯齐奥尔科夫斯基

面积： 700平方千米

始建时间： 2011年

管理机构： 俄罗斯联邦航天局

估计耗资： 75亿美元

» 东方航天发射场建成后有700平方千米，7个发射平台。

» 东方航天发射场新的可移动服务塔有七层，高52米，运载火箭就在这里进行发射前的准备工作。

你知道吗？

❓ 俄语中的"vostochny"意思是东方，"cosmodrome"意思是发射场，所以"Vostochny Cosmodrome"就是东方航天发射场。

❓ 大约170千米的公路和铁路将被建设，它们是东方航天发射场的一部分。

❓ 东方航天发射场位于莫斯科以东5600千米处，俄罗斯使用的另外一个发射场是哈萨克斯坦的拜科努尔航天发射场。